学生版

什么是什么 德国少年儿童百科知识全书

野生动物

[德] 格尔哈特·哈尔特曼 / 著

[德] 莱纳·茨格 / 绘

徐小清 / 译

长江出版传媒 ⬛ 湖北教育出版社

前　言

从古至今，地球上的野生动物一直在经受着大自然的生存考验。但现在，考验它们的却变成人类。由于我们自身不断地繁衍扩张和对动物无情地捕猎，越来越多的动物死亡甚至灭绝！那么，我们应该为保护大自然做些什么呢？首先，我们必须知道要保护什么！也就是说，我们必须知道动物的生存面临着什么问题，它们需要什么；还要研究它们的生活方式和行为方式。只有这样，我们才能正确地分析并解决现存的问题，减少对自然界的损害，更有效地保护各种野生动物。

本书谈到了许多被人类伤害和威胁的哺乳动物。当我们讲到需要较大生存空间的大型动物，如大象、水牛和犀牛时；讲到需要很大活动范围的猛兽，如西伯利亚虎时，就能马上发现它们为什么今天都濒临灭绝：因为它们的生活空间越来越小了。即便是一些小动物，如老鼠、刺猬、猫鼬、小鹿等，也都由于环境的变化而失去了生存的空间。此外，人类大量使用杀虫剂而导致蝙蝠的数量下降，水獭和海狸也由于江河湖海的水质下降而数量不断减少。如果我们的青少年知道了这些问题，就能明白该怎样去保护它们。

本书介绍了哺乳动物这一有趣的类群。书中不仅介绍了巨大的、奇特的哺乳动物，而且还介绍了一些鲜为人知的哺乳动物。当我们看到这些神奇迷人的动物时，我们肯定会意识到：如果它们消失了，人类将会失去这美好的一切！

图片来源明细

舒斯特图片社(上鲁赛尔)：4：珀特，10：童格斯，14下：隆贝尔，26：李爱松，32中右：埃克斯普罗雷尔，33：雅卡钠，34：霍利聪，41：迈耶尔，43：雅卡钠，48：卢默；野生动植物图片社(汉堡)：6左：M.哈尔崴，12上：E.门茨，12中上中下：K.波贡，16上(从左至右)：M.哈维(2)、J.裘斯汀娜/野生动植物图片收藏、M.哈维，17上(从左至右)：D.J.科克斯、D.霍尔、阿努普·沙阿、J.裘斯汀娜/野生动植物图片收藏，17左下：D.J.科克斯，17右下：M.哈维，24：D.J.科克斯，25中左：B.肯尼，31下：D.J.科克斯，32：E.布伦纳；ZEFA图片社(杜塞尔多夫)：1：威尔斯，5：B.谢尔哈梅，6右：基钦，8：莱因哈德，12左下：齐思勒，14上：兰辛，24下：沙费尔，25右上：拉斯廷，27左中：鲍威尔，27右下：伊维斯、汤姆，28：莱因哈德，30左上/31上中：威格勒，31中下：威尔斯，36：迈耶尔，37：席默尔普芬尼，40左中：阿普里尔，40下：沙费尔，41右：珀尔京，44：佛特利

插图：莱纳·茨格
封面图片：视觉中国

未经Tessloff出版社允许，不得使用或传播本书内的照片和插图。

目　录

袋囊目

翼手目

单孔目　　食虫目　　群居动物　　贫齿目　　啮齿目，兔形目

野生动物

什么是野生动物？

人们将那些非人工饲养的动物都称为"野生动物"，也就是说，野生动物是相对于被人类喂养的动物而言的。但分辨家庭养殖的动物和野生动物却不是一件简单的事。比如，城里自由飞翔的鸽子却在笼子里睡觉，它们是野生的吗？还有那些在草坪上玩耍的猫儿，你能分清它们是家养的还是野生的吗？再比如蜜蜂，虽然它们的家属于养蜂人所有，但是养蜂人取蜜时它们又会用蜂刺蜇自己的主人，它们又算是哪类呢？这些问题很难回答清楚。

目前，地球上已知的动物种类超过100万种，但没有被发现的物种可能更多。人们用计算机推测，动物的种类约有500万到1 000万种，其中绝大多数都是野生动物。它们中的大多数都很小，就像鞭毛虫一样，有些甚至更小。这可能就是人们为什么还不能发现所有动物的原因。

在本书中，我们主要介绍的是野生哺乳动物。这些动物都是我们最熟悉的，只要我们谈到野生动物，就会首先想到它们：狮子和老虎、大象、犀牛、熊和狼。其实，自然界中还有一些比较特殊的哺乳动物。它们并不是生活在陆地上，所以人们通常都忽略了它们。例如飞

2亿多年以前的中生代时期，地球上就已经有了哺乳动物，但那时地球上占统治地位的是恐龙，所以这些早期哺乳动物只能在隐蔽处生活着，否则就会成为恐龙的食物，直到白垩纪时代结束时恐龙大灭绝后，这些哺乳动物才能自由自在地生活，并逐渐成为地球上新的统治者。

南极洲的哺乳动物主要是海豹，这是一只刚出生的"白裙小海豹"

鲸目　　　鳍足目　　　　　食肉目　　　　　　　　有蹄目

哺乳动物家族：从单孔目动物（左图）到有蹄目动物（右图）

行专家——蝙蝠，游泳专家——海豚，海洋巨无霸——鲸等，它们也都是哺乳动物。

冷血动物

　　两栖动物和爬行动物也被称为冷血动物，它们的体温会随着外部温度的变化而变化。这类变温动物自身不能产生热量。冬天，它们进入休眠期。比如蜥蜴在寒冷的季节一动不动，藏在一个隐蔽的地方过冬，直到春天它们才出来。为了取暖，它们非常喜欢晒太阳。因为，只有身体是暖和的动物才更灵活敏捷，才能更有效地捕捉昆虫。

什么是哺乳动物？

　　在地球上的数百万种动物中，只有约6 000余种哺乳动物。尽管各种哺乳动物的样子不同，生活方式也不一样，我们还是能够一眼将它们认出来。只有很少的时候出现真假难辨的情况，如蝙蝠和鲸，人们很容易把它们看作是鸟类和鱼类。

　　哺乳动物是温血动物。它们的身体可以产生足够的热量，以保持身体的恒温。除了冬眠的动物以外，它们常年四处活动。为了抵御寒冷，它们还生长出浓密的毛发。这是它们身体上的重要特征。

　　只有少量的哺乳动物身上几乎不长毛发或者随着时间的变化而褪去。由于大象、犀牛和河马生活环境的气温较高，所以它们不需要厚皮毛。鲸拥有一层厚厚的脂肪来保暖，所以也没有皮毛。人类也属于哺乳动物，为

一只小马驹在它妈妈的腹部吮吸着乳汁，母马耐心地站着

我们遮挡阳光和风雨的是衣服，因此仅在头部长出毛发。

　　哺乳动物的另一个重要特征：哺乳。所有刚出生的哺乳动物都要从它们母亲的乳汁中吸收营养。母体乳腺（乳头或乳房）一般都位于腹部或者胸部。

　　除了最原始的单孔类为卵生外，其他哺乳动物出生时都是活生生的幼崽。当母体的卵子与来自父体的精子形成受精卵之后，它们就开始在母体体内生长发育。

5

哺乳动物几乎遍布整个地球。北极熊和北极狐生活在气候恶劣的北部冻土地带以及北冰洋的整个冰层上;长颈鹿和羚羊吃着非洲大草原上的嫩草;树懒科动物和猴群居住在南美原始丛林的树冠上;鲸和海豹不时出没在深深的海洋里;雪地山羊和野生山羊在高高的山顶上攀爬陡峭的山崖;小鼠兔和土拨鼠在山谷中修筑它们的家园;蝙蝠则占据着空中。对于这些在不同地方生活的哺乳动物来说,根据情况把自己武装起来是非常必要的。寒冷地带的动物身上都有一层特别厚的脂肪用来御寒。食肉动物必须善于伪装和隐藏,为了获取猎物,它们必须具有敏锐的视觉、听觉和嗅觉。原始森林树冠上的猴子必须善于瞄准目标,能跳善抓,才不会从树上掉下去。水中居民如海豹和鲸,要有很好的肺。雪地山羊和野生山羊要拥有很结实的蹄,这样才能在陡峭的山崖上行走自如。

小个子鼠兔是山区的居民,它们大多生活在中亚和北美

卵生哺乳动物

针鼹在一个劲儿地挖掘白蚁堆,嘴里长长的舌头不断地舔食着昆虫

在欧洲,人们最初把关于卵生哺乳动物的报道看作是纯粹的臆造,直到有几位科学家在现场目睹了这类动物,人们才相信它们的存在。现在我们了解了卵生哺乳动物的两个家族:新几内亚和澳大利亚的针鼹科(也被称为刺食蚁兽)和居住在东澳大利亚和塔斯马尼亚群岛上的鸭嘴兽。由于它们的肠子、膀胱和性器官只有一个共同的开口(泄殖腔),所以也称它们为"单孔目动物"。当研究人员发现针鼹和鸭嘴兽跟其他哺乳动物一样,用乳汁来喂养它们的幼崽时,这令他们特别惊讶。而且它们的幼崽不是从乳头上吮吸乳汁,而是从母兽下腹部两个特地隔开的地方舔食。

鸭嘴兽

最初,在欧洲没有人相信澳大利亚淘金者关于鸭嘴兽下蛋的离奇故事。1798年,当冒险者第一次将鸭嘴兽带到欧洲时,科学家们都认为它是假的。

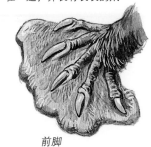
鸭嘴兽的脚趾由蹼膜联结在一起,并长有长长的爪

前脚

带毒刺的脚后跟

公鸭嘴兽的脚后跟有空心骨刺,这种骨刺中还有能分泌毒液的腺体。这使公鸭嘴兽的后爪成为十分有效的"武器"

奇特的鸭嘴兽是如何生活的?

鸭嘴兽非常适合在水中生活。它们身上长着一层厚厚的皮毛,有一张扁平的鸭嘴,嘴尖上有两个小鼻孔,尾巴像桨一样是扁平的。它们用短而有力的腿来游泳。"鸭嘴"上灵敏的嗅觉器官可以使它在水中辨别方向。白天它们躲藏在河岸边自己挖筑的洞穴里。傍晚,它们才开始用"鸭嘴"在河边或小溪边的泥潭里觅食,吃一些昆虫幼虫、虾蟹和蜗牛,有时也会吃一些小鱼儿。母鸭嘴兽的身体上没有卵袋,而是把蛋下在一个特别的卵穴里。光溜溜的看不见东西的幼崽就是在这里孵出来的,它们在 4 个月之后才能第一次离开这个巢穴。

针鼹是怎样觅食的?

与鸭嘴兽相比,针鼹可算得上是纯粹的陆地居民了。它们的名字来源于身体表面的硬刺。这种动物有强有力的爪子,可以迅速挖好一个洞穴。它们也用爪子挖开蚂蚁和白蚁的巢穴。它们还用藏在嘴里的绳子一般的长舌来舔食昆虫。

母针鼹将蛋产在自己肚子上的一个小袋里,然后在这里孵出幼崽。幼崽会一直待在袋子里,直到身体表面长出硬刺后,母针鼹才放它们出来。出来之后,这些幼崽会立刻找地方躲藏起来。

母鸭嘴兽用身体堵住洞穴的入口,它很少离开这个用树叶铺垫着的洞穴

鸭嘴兽生活在澳大利亚东部和塔斯马尼亚群岛上的湖泊和河流里。它们擅长游泳,前脚和后脚均长有蹼膜

负鼠目

袋鼬目（袋狼、袋獾）

袋狸目

袋食蚁兽目

有袋类动物

什么是有袋类动物？

与数量稀少的卵生哺乳动物不同的是，有袋类动物是数量庞大的物种群，在很早的时候几乎遍布所有的大陆。因为它们的腹部有一个由特殊袋骨支撑的育儿袋，所以被称为有袋类动物。

有袋类动物出生时并没有发育完全，它们会在妈妈的育儿袋中生活，度过它们的发育期。所以，那些正在生长发育的幼崽总想在育儿袋里待得久一些，它们总是死死咬住妈妈的乳头，不停地吮吸乳汁。当它们长大一些后，会到育儿袋外玩耍，不过它们不会离开母亲太远。只要发现什么异常的动静，它们就会立刻回到育儿袋里，然后伸出脑袋四处张望。

现在，我们能够在新几内亚、澳大利亚和南美洲找到绝大多数有袋类动物。北方负鼠则在漫长的历史时期里迁居到了北美洲。

有袋类动物是如何生活的？

大洋洲和南美洲的有袋类动物种类是世界上最多的，包括：鼩负鼠、负鼠、袋鼹鼠、袋鼯鼠、袋食蚁兽、袋狼和树袋熊等。当然，人们最熟悉的还是生活在澳大利

有袋类动物

有袋类动物在生物分类学上被命名为有袋下纲。有袋下纲又分为负鼠目、鼩负鼠目、智鲁负鼠目、袋鼬目、袋狸目、袋鼹目和双门齿目。人们熟悉的澳大利亚的袋鼠，就属于双门齿目中的袋鼠科。

树袋熊只生活在澳大利亚。它们白天在树上睡觉，夜晚才出来觅食

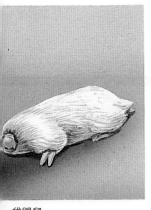
袋鼹鼠

袋鼠目（树袋熊，袋鼯）

袋鼠目（袋熊）

袋鼠目（大袋鼠）

亚的跳袋鼠（大袋鼠）。它们居住在稀疏的森林里或没有树的大草原上，数量非常多。大袋鼠拥有强劲的后腿，可以进行超远距离的跳跃。相反，它们的前腿则很小。粗长的尾巴在奔跑时起着平衡和支撑的作用。有些袋鼠还会爬树。最大的袋鼠是红大袋鼠，它们站立起来时比人还要高，而最小的袋鼠只有小兔子那么大。

人们常见的大袋鼠和树袋熊都是食草动物。但是，有袋类动物里也有食肉动物，例如袋獾和袋狼。现在只有在塔斯马尼亚群岛上还生活着一些袋獾。令人惋惜的是，由于人类的捕杀，袋狼已经灭绝了。

最可爱的有袋类动物是澳大利亚的树袋熊，也被称为考拉。树袋熊体态憨厚，有一身又厚又软的灰褐色短毛，长着一对大耳朵，鼻子是扁平的。它们没有尾巴，这是因为它们的尾巴经过漫长的岁月已经退化成一个"坐垫"。所以，树袋熊能长时间地坐在树上而不难受。树袋熊只吃桉树的叶子。世界上共有350多种桉树，但树袋熊只吃其中20种桉树的叶子。目前，世界各地的动物园里都圈养有树袋熊。

袋鼠的最大敌人是人类。澳大利亚的牧民认为，野生动物会偷吃他们的牛和羊，所以他们每年都要猎杀数千只大袋鼠

幼袋鼠在妈妈的育儿袋里长大。刚出生的小袋鼠紧紧咬住妈妈的乳头吮吸乳汁，大一点的袋鼠则把头伸进育儿袋里吮吸乳汁

9

食虫目动物

满月后，小刺猬就跟随妈妈郊游了

什么是食虫目动物?

食虫目动物是一个庞大的群体，生活在除南美洲、澳大利亚、新西兰以外的其他各大洲。在它们中间有一些很奇怪的动物，如非洲的象鼩、马达加斯加岛上喜欢在树上爬来爬去的马岛猬。

食虫目动物不仅仅生活在野外，就在我们的门前花园里、树林里和草地上，我们都可以观察到它们。最常见的食虫目动物就是刺猬。尽管这里的刺猬与在树上到处攀爬的马岛猬不同，但是它们浑身同样长满棘刺，用来抵御捕食者。刺猬喜欢在灌木丛里或草地上吧嗒吧嗒地挖个不停，那是它们在寻找食物。如果遇到危险，比方说有只狐狸靠近时，它们会迅速蜷起身体，竖起浑身的棘刺来保护自己。

为什么刺猬常常被汽车轧死?

刺猬的自我保护措施也可能给它们带来灾难。比如，它们在夏天穿过一条柏油马路的时候，当一辆汽车开过来时，它们不是跑掉，而是蜷缩成一团……于是每年都有无数的刺猬丧生于车轮下。

刺猬是非群居动物，公刺猬和母刺猬只有在交配期才生活在一起。刚出生的小刺猬只有人的手指那么大，背上有稀疏柔软的毛。几

冬 眠

晚秋时节，当刺猬吃饱喝足了，它就要寻找到一个安全的地方躲藏起来，并在那里冬眠。此时，刺猬的体温、心跳、呼吸强度和身体的所有功能都降到了最低限度。

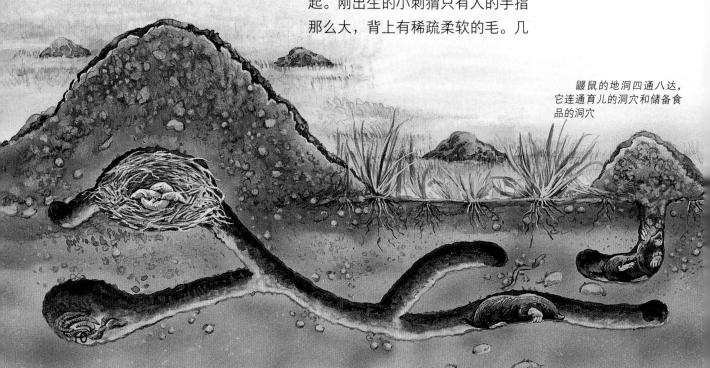

鼹鼠的地洞四通八达，它连通育儿的洞穴和储备食品的洞穴

天后，这些毛逐渐硬化变为棘刺。小刺猬很快就会随着妈妈一起去寻找食物。

换朝向，使它可以在狭窄的地道里自由前进或倒退。它的眼睛很小，但听觉和触觉极为敏锐。鼹鼠的狩猎范围就是它挖掘的地道，这里的昆虫、蠕虫和小老鼠就是它的猎物。

好斗的鼩鼱

鼩鼱是非群居动物。公鼩鼱会极力捍卫自己的领地，特别是在发情期间，经常会出现公鼩鼱在与对手搏斗中被咬死，甚至被吃掉的情况。公鼩鼱和母鼩鼱在交配时也经常会发生争斗。

鼩鼱是如何吃东西的？

另一种常见的食虫目动物是鼹鼠，它们通常生活在自己挖掘的地洞里。所以，只有当它们偶尔到地面来玩的时候，人们才能见到它的真面目。但是，人们就算看不到鼹鼠，也能知道它是否就在附近。因

这只小臭鼩的个头还比不上一只独角仙，小臭鼩是地球上现存的最小的哺乳动物之一

为，当它挖掘地道时，地面会形成土堆，人们很容易就能看见这些土堆。鼹鼠挖地道的速度很快，每小时能挖出 5 米长的地道，它们的家就和这些地道相连，是一个较大的洞穴，里面铺满了杂草和树叶。

鼹鼠非常适应地下的生活，它的前脚已经进化成了一对很大的"铲子"，身体上的毛发可以任意变

最小的哺乳动物有多大？

食虫目动物中家族最为庞大的种群是鼩鼱科。它们与鼹鼠是近亲，尽管鼹鼠和它们一点儿也不像。最小的哺乳动物——小臭鼩就属于鼩鼱科，加上尾巴它们也只有 7 厘米到 8 厘米长，体重大约为 2 克，主要生活在西班牙、意大利等国家。在德国也有很多鼩鼱科动物，例如水鼩鼱，它能在河流里灵巧地游动，捕食小鱼和一些小昆虫，甚至还能捕食小鸟和老鼠。

除了生活在马达加斯加岛上的马岛猬，非洲的象鼩也是食虫目家族中的成员。它们长着滑稽的长鼻子，并因此而得名。但随着科学技术的发展，通过分子技术鉴定后，马岛猬和象鼩被分离出食虫目家族了。

象鼩生活在非洲的干燥地区，它们的主要食物是昆虫

飞行中的大鼠耳蝠

哺乳动物中的飞行专家

哪些哺乳动物会飞?

除了鸟儿以外,能在空中飞行的脊椎动物还有翼手目和皮翼目动物。如果说鸟类是凭借它们的羽毛和翅膀有力地飞翔,那么翼手目的动物简直可以称得上是技艺高超的飞行艺术家,它们靠指缝、双臂和后腿间展开的翼膜飞行,能够做出很多鸟类不可能完成的高难度动作。

有袋类动物中的袋鼯、啮齿动物中的鼯鼠(也称为飞鼠)和东亚热带雨林中的两种鼯猴都属于皮翼目。鼯猴的体长达 70 厘米,双翼展开的宽度能够达到 75 厘米,是皮翼目动物中的"巨无霸"。它们习惯从高处往低处滑翔,在树与树之间的最远滑翔距离可以达到 130 米,因此它们往往喜欢停留在森林中最高的树梢上。

棕蝠露出了尖锐的牙齿

艾氏大耳蝠靠超声波来辨别方向

这是在山崖上栖身的吸血蝙蝠,它们靠吸动物血为生

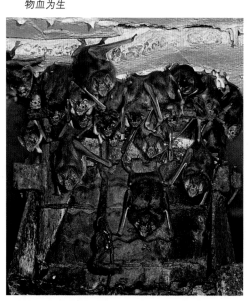

蝙蝠是怎样吃东西的?

属于翼手目的狐蝠科、蝙蝠科动物的祖先都曾是在树杈上又爬又跳、十分活跃的食虫目动物。在与猎物的斗争中,它们逐渐学会了滑翔,大大地提高了捕食的能力。慢慢的,它们又学会了飞行。随着家族的日益壮大,翼手目家族开始形成各种不同的分支。

狐蝠科动物仅仅以植物的果实

鼯猴

鼯猴是皮翼目中个头最大的动物，主要分布在东南亚。它们的爪子非常有力，可以牢牢地抓在树上。再加上它们可以利用膜翼滑翔，所以鼯猴常年生活在树上。

只有翼手目动物才具有自主飞行的能力，袋鼯、鼯鼠和鼯猴只能靠张开的翼膜滑翔

和花蕾为食，主要在夜间活动，它们和许多其他的夜行动物一样，有一双大眼睛。但是在漆黑的夜晚，它们往往也无法辨清方向。因为它们的觅食喜好，种植园里的农作物深受其害。

蝙蝠科动物仍然保持它们的祖先——食虫目动物的饮食习惯：以捕食昆虫为生。它们是名副其实的夜行动物，因为它们主要捕食各种夜间飞行的昆虫。然而蝙蝠的眼睛

仅能让蝙蝠通行。但蝙蝠却能顺利地躲开丝线，穿行自如。而当他把蝙蝠的耳朵塞住，再做同样的实验时，它们就开始到处乱窜起来。

过了很久，科学家们才解开了这个谜团。他们用现代仪器证明，蝙蝠能发射出人耳听不到的高频率超声波。飞行时，它们发出的超声

鼯猴

狐蝠

鼯鼠

袋鼯

却非常小，几乎看不见猎物，因此，它们不得不"发明"另一种捕食方法。

在飞行中，蝙蝠用它们的大耳朵接收超声波的回声

蝙蝠是怎样觅食的?

意大利自然科学家施帕兰扎尼就曾为此冥思苦想，做了大量的研

蝙蝠冬眠

地球上寒冷地带的蝙蝠常常远迁至它们冬天的宿营地——山区悬崖中的洞穴或坑道里，它们就在那里冬眠，那里的温度通常不会降至6摄氏度以下。它们不再摄取食物，体温也会大幅度下降。

究。他猜测，蝙蝠的小眼睛在很多情况下可以感觉到亮度，但无法形成图像。于是他做了一个实验：他蒙上蝙蝠的眼睛，在实验室里竖着拉上一些丝线，每根丝线间的间距

波信号被物体弹回，形成了有不同声音特征的回声。接着，蝙蝠就根据回声的频率、音调和声音间隔等声音特征，来判断物体的性质和位置，最终在大脑里形成"听觉画面"。

13

灵长目动物

1758年,瑞典自然科学家卡尔·冯·林耐针对原猴亚目、猿猴亚目和类人猿提出了"灵长目动物"的概念,并且将人类也归为这类动物群体中。这一说法让整个欧洲沸腾起来,许多人都反对这种把人类看作是猴子近亲的说法。他们认为人类"拥有思维和创造力",应该是特殊的,应比其他动物高一等。但在今天,我们可以肯定,林耐说得对。不仅如此,我们还惊讶地发现灵长目动物与它们的祖先——食虫目动物之间存在亲缘关系。揭示这种亲缘关系的钥匙就是现在生活在东南亚原始森林中的一类动物——树鼩目动

指猴捕捉昆虫和小蜥蜴为食,它们可以用长长的中指从洞穴里抠出昆虫

物。它们的外形很像松鼠,身体构造既有食虫目动物的特征,也有灵长目动物的特征。

原猴亚目动物生活在哪里?

当我们谈及灵长目动物时,大多数人立刻就会联想到在动物园里常见的猴子或猩猩。我们会因为它们的行为或动作捧腹大笑,因为它们的动作和我们人类的动作几乎一模一样。事实上,从树鼩进化到猩猩,在不同的进化阶段存在着大量其他灵长目动物。它们都是7000万年前居住在北美和欧亚大陆的原始灵长目动物的后裔,它们现在生活在东南亚、非洲和马达加斯加群岛的原始森

婴猴

婴猴是一种十分机敏的小猎手,为了在夜间捕捉猎物,它不仅利用自己出类拔萃的视觉和听觉,还像蝙蝠一样进化出了一套回声定位系统。婴猴主要生活在非洲的丛林中。由于它们的叫声和婴儿的啼哭声非常相像,所以人们给它取名为婴猴。

眼镜猴借助它的脚趾和手指上的吸盘攀爬树枝

旧大陆和新大陆

欧洲人在1492年发现了美洲大陆，在这之前，他们只认识三个大陆——欧洲、亚洲和非洲，这就是所谓的"旧大陆"。新发现的美洲大陆对他们来说就是"新大陆"。后来，欧洲人又发现了第五个大陆，即澳大利亚，但划分新旧大陆时并没有考虑到澳大利亚。

属于灵长目动物的有原猴亚目、猿猴亚目和类人猿。除人类以外，灵长目动物如今主要生活在热带和温带地区

林中，它们都属于原猴亚目。尤其是生活在马达加斯加岛上的原猴亚目具有很多种类，其中最稀有的原猴亚目动物是指猴。

原猴亚目动物大多数是夜行动物，它们有一双大大的眼睛，它们的"手"和"脚"善于攀爬，能够很好地适应树上的生活。比较特殊的是，眼镜猴的脚趾和手指上还长有吸盘，类似于树蛙脚上的吸盘，可以牢牢抓住树枝。不过，原猴亚目动物的大脑没有猿猴亚目动物那样发达，所以它们没有猿猴亚目动物那么聪明。

猿猴亚目动物生活在哪里？

在漫长的进化过程中，猿猴亚目在新大陆和旧大陆经历了各自完整独立的进化过程。它们主要分为两类：旧大陆猴类（狭鼻猴组）和新大陆猴类（阔鼻猴组）。新大陆猴类主要生活在南美洲和美洲中部的雨林中。那里生活着一种松鼠般大小的绢猴，它的嘴上长着有趣的长长的胡须，浑身长着罕见的金毛。

此外，还有跟绢猴一样身手敏捷的绒顶柽柳猴。令人印象深刻的吼猴也属于新大陆猴类，它们像京剧演员一样，天蒙蒙亮的时候就开始"练嗓子"，用嘹亮叫声来"圈占"自己的领地。吼猴有一条神奇的尾巴，这种尾巴非常有劲，可以使它们倒挂在树枝上，作用和手差不多，所以人们也称吼猴为"五手猴"。令人惋惜的是，由于热带雨林被过度砍伐，许多种类的猴群正逐渐消失。

生活在非洲和亚洲的旧大陆猴类也是灵长目动物中很有趣的成员。欧洲大陆上的猴类动物很少，仅有少量猕猴生活在直布罗陀岛上。有意思的是，欧洲的一些专家却认为远在非洲和亚洲的猕猴拥有欧洲血统。

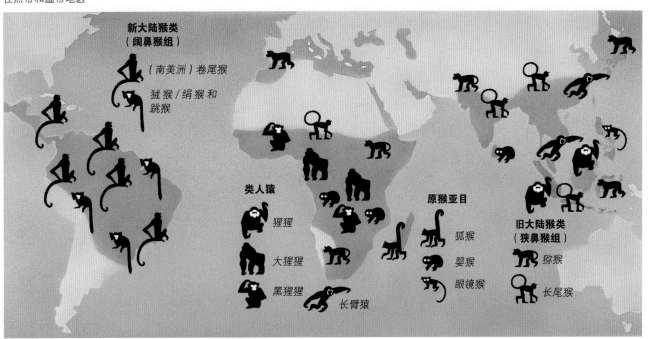

新大陆猴类（阔鼻猴组）　（南美洲）卷尾猴　狨猴/绢猴和跳猴　类人猿　猩猩　大猩猩　黑猩猩　长臂猿　原猴亚目　狐猴　婴猴　眼镜猴　旧大陆猴类（狭鼻猴组）　猕猴　长尾猴

环尾狐猴（马达加斯加）　　皇狨猴（新大陆）　　山魈（旧大陆）　　长臂猿（旧大陆）

旧大陆猴类的主要特征是鼻尖狭窄，鼻孔向下，鼻甲基部相连，所以又被称为狭鼻猴组。它们的体型大多比新大陆猴类的成员略大。为了把这个猴类与类人猿区别开来，人们把长尾猴属和它们的近亲，以及疣猴属的（非洲）疣猴、髯猴等都划分到旧大陆猴类中。除了日本猕猴栖息在较寒冷的地区，其他旧大陆猴类主要生活在旧大陆的温带地区，其中种群最庞大的是长尾猴属。

日本猕猴

日本猕猴是世界上分布最广的北方猴。在日本北部，经常可以看到它们在沸腾的温泉边取暖，和生活在那里的人们一样，一起享受大自然赐予的礼物。

松鼠猴的名字来源于它们的体型和皮毛的颜色（上图）；长有一条善于攀爬并能抓住树枝的尾巴的蛛猴，是一种真正的"五指猴"（左图）

猩猩

大猩猩

黑猩猩

倭黑猩猩

示威行为

如果一个领地的大猩猩首领遭到其他大猩猩的挑战，森林里将出现这样的场面：两只大猩猩捶打自己的胸部，踹倒植物，狂扔树枝并竭力吼叫。气氛紧张，战斗一触即发。但是，在多数情况下，它们只是相互装装样子，最后各自离开。

谁拥有与人类最近的亲缘关系？

类人猿一般分为三大家族：合趾猿和长臂猿属于"小个子类人猿"家族，它们是攀爬能手，主要生活在东南亚一带；黑猩猩、猩猩和大猩猩则属于"大个子类人猿"家族；人类属于第三家族。和人类最相似的是生活在非洲的类人猿——黑猩猩和大猩猩，它们非常聪明，可以使用简单的劳动工具，会模仿人类的许多行为。

大猩猩是块头最大的类人猿，主要在陆地上生活。一只成年大猩猩可以长到 2 米高，体重达 250 千克。一个大猩猩的家庭通常由一只雄性大猩猩、多只雌性大猩猩和小猩猩组成。大猩猩一旦具备了独立生活的能力，就会离家出走。它们

母猩猩在树梢紧紧地抱着它的孩子

黑猩猩的行为举止最接近人类

要分布在加里曼丹岛（婆罗洲）和苏门答腊北部的群岛上。所有的类人猿都面临着生存危机——由于人类对热带雨林的破坏，它们的生存空间越来越小，生存条件也越来越差。

聪明的黑猩猩

黑猩猩非常聪明，经过一定的训练，它们会骑摩托车，会开门、关门，为了摘取手够不着的香蕉，它们还会制作工具。研究表明，它们还能学习，会数1到10的数字，还会"读"出一些简易的单词。人们甚至很难从众多人和黑猩猩的绘画作品中，分辨出哪些是黑猩猩的作品。

白手长臂猿借助它长长的手臂在树枝间灵活地攀援跳跃

的主要食物是树叶，晚上睡在用树枝和树叶搭建的"卧室"里。

黑猩猩和猩猩的体型都比大猩猩要小，它们主要生活在树上，也喜欢在地面活动，于是它们学会了直立行走，这样两只手就可以空出来使用工具了。与大猩猩不同的是，它们不仅吃树叶，而且还捕食一些小的动物。黑猩猩喜欢群居生活，有的族群数量达到80多只。

"猩猩"这个名称来源于当地的土著语言，意思是"森林中的老者"。它们以小家庭方式生活，主

比长臂猿稍稍大一点的是合趾猿，它可是类人猿中的"歌唱家"呢

犰狳科以及鳞甲目动物

哪些动物没有牙齿?

针鼹科(食蚁猬)、食蚁兽、鳞甲目动物和土豚(非洲食蚁兽)等动物的觅食方式都很相似,它们会用强有力的爪子来挖掘小动物的洞穴,用长长的舌头舔食想从巢穴中逃走的蚂蚁或者白蚁,它们一般都没有牙齿,即使有也非常小。过去人们总以为它们是近亲,如今人们才认识到:类似的猎食方式产生了这些具有共性的身体特征,而实际上这些动物本身之间并无亲缘关系。食蚁兽、犰狳科和树懒科动物都属于新大陆上土生土长的贫齿目动物。它们都是曾经数量繁多的物种的后裔,例如已经灭绝的大地懒和易危的巨犰狳。

鳞甲目动物主要生活在非洲和亚洲。它们都有自己独立的群体,身体像松果一样布满了鳞片。尽管如此,鳞甲目动物中仍然有一些攀援好手,它们能够很好地利用尾巴抓牢树枝。

树懒科动物喜欢肚子朝上倒挂在树上,所以它们毛发的分界线在肚子上,而不在脊背上,这样雨水就能很容易从身上流走

犰狳科动物可以像刺猬一样蜷缩身体;食蚁兽和鳞甲目动物的生活方式极为相似,但是它们之间并无亲缘关系

食蚁兽和它的幼崽

鳞甲目动物

球型犰狳科

啮齿目动物和兔形目动物

有啮齿的动物都是啮齿目动物吗？

啮齿目动物是哺乳动物中最大的类群。它们几乎占了所有哺乳动物种类的一半。啮齿目动物是陆地动物，遍布全世界。从北极冰原到热带雨林，到处都能发现它们的身影。有时，它们还通过船舶或飞机，抵达岛屿。它们最重要的共同特征是上颚骨上的两颗啮齿，看上去就像锋利的刀。虽然啮齿磨损很快，但是啮齿可以不断地再生。

虽然野兔和家兔也长有啮齿，但它们却不属于啮齿目动物，因为它们的上颚骨长有四颗啮齿。此外，它们的前脚掌结构和啮齿目动物的也不一样：啮齿目动物是用脚趾抓东西，而兔形目动物却不是。

有没有会飞的松鼠？

老鼠和豚鼠可以说是最著名的啮齿目动物。此外松鼠、刨地松鼠、东欧或亚洲的大颊鼠类、河狸和豪猪也属于啮齿目动物。属于刨地松鼠类的有生活在山区的旱獭、黑尾草原犬鼠。犬鼠建造的地下紧密相连的建筑被称为"城市"。松鼠类的另一个家族成员是飞鼠，它可以像袋鼯鼠和大飞鼠一样，在树与树之间滑翔。

哪种啮齿目动物堪称筑坝大师？

有这么一种啮齿动物，它不去适应周围环境，而是利用并改变环境。它就是河狸。河狸生活在深谷的河流中，那里生长着茂密的树林，尤其是杨树和柳树。它就靠吃这些树的叶子为生。为了获取树叶，它可以轻易地啃倒大树。由于它喜欢游泳而不善跑步，所以它会用啃倒的树木和树枝筑起一道道堤坝，将河水堵住，形成巨大的池塘或湖泊。这种堵成的湖泊有时候会使整个峡谷河水泛滥。这样对河狸来说就方便极了，因为水塘或湖泊使它们的生活范围变得更大了。河狸总是将它们的"城堡"搭建在生活水域的岸边，那儿还是它们生育幼崽的地方。而"城堡"的入口则设在水面以下。

欧洲兔（上图）和河狸（下图），一种属于兔形目动物，一种属于啮齿目动物

河狸只生活在北半球

河狸借助树枝建筑堤坝，以便堵水为湖。这样一来，它就可以在水下顺利地出入它的城堡

河狸的"城堡"

海洋哺乳动物

濒危动物

海豹的数量正在大幅减少。一方面，人们因想获得它们的皮毛而不断地猎杀它们。另一方面，不断恶化的海洋生态环境也在削弱这些动物的免疫能力，现在它们常常因生病而死亡。

哪些哺乳动物生活在海洋里?

当我们谈到海洋哺乳动物时，首先想到的肯定是庞然大物——鲸；也会想到其他的海洋哺乳动物——海豹。鲸、海豹、海

活，一旦笨重的身体搁浅，它们就会窒息而死。

象海豹

海象

海豹

海狮

狮以及海象有一个共同的特点，它们都属于肉食性海洋哺乳动物。与在水下分娩的鲸相反，海豹是在陆地上或在大块浮冰上生下它们的幼崽。它们主要生活在寒冷的海洋中，靠捕食鱼类为生，休息的时候才回到海岸边。南极地带的食蟹海豹是个例外，它们的主要食物是磷虾。

哺乳动物中，真正的大海"居民"是鲸。鲸可以潜至海底深处，还可以从热带海域长途跋涉到极地海域。它们的身体只能适应水中生

鲸是如何适应在水里生活的?

鲸不是鱼，同生活在陆地上的人一样，它们也是哺乳动物。不过，它们在漫长的进化过程中，逐渐适应了在水里生活。鲸主要的划水器官就是强有力的尾鳍。它们的前肢呈鳍状，在进化过程中因不断地划水而变得宽大有力，鲸的后肢在进化过程中完全退化，仅剩一些残存的骨片。

逆戟鲸

海豹

逆戟鲸（又称虎鲸）属齿鲸亚目，它们最主要的猎物就是海豹，它们有时候甚至可以在冰面上猎取海豹

鲸有哪些种类？

不同种类的鲸在结构上和生活习性上大不相同。人们将它们分为须鲸和齿鲸。须鲸中有蓝鲸、灰鲸和座头鲸，它们没有用来撕咬猎物的牙齿，而是拥有鲸须。须鲸口腔上沿有鲸须板，鲸须就连在鲸须板上，从舌头的两边垂下来滤取食物。

须鲸只需要张开大嘴在水里游动，就可以吞进大量包含着小虾的海水。这时，它只要闭上嘴，把海水挤出去，就可把小虾留在鲸须上。最后用舌头一刮，这些小虾就成了它们美味的食物。

地球上最大的鲸是蓝鲸。它的体长可达 30 米，体重可达 150 吨。蓝鲸也是现在地球上最大的哺乳动物。齿鲸则拥有尖锐的牙齿，用来捕食鱼类、海豹、飞鸟，甚至其他小鲸。抹香鲸（真甲鲸）和被称为"杀人鲸"的逆戟鲸都属于齿鲸。

上百年来，鲸不断地被人类猎杀，原因是人类要从鲸身上获取脂肪、鲸肉、鲸须、鲸牙、鲸脑油（鲸蜡）和用于制造香水与化妆品的鲸粪（龙涎香）。为了获取这些贵重的工业原料，历史上欧洲和美洲一些国家的捕鲸活动十分盛行。自 20 世纪中叶起，科技的进步使捕鲸变得更容易，过度的猎捕导致鲸的数量急剧下降，人们逐渐意识到了滥捕乱杀的危害。1986 年，国际《全球禁止捕鲸公约》生效，世界各国宣布放弃商业捕鲸活动。但从 1987 年开始，日本打着"科学研究"的旗号，重新开始进行大规模的捕鲸活动。此外，挪威、冰岛等国也以"科学研究"的名义进行少量的捕鲸活动。现在，许多种类的鲸都濒临灭绝，需要我们去重视并加以保护。

什么是鲸喷气团？

所有的哺乳动物都需要呼吸空气，鲸也不例外。所以它们必须到海面上换气。它们从换气孔中喷出的气体会立刻在冷空气中形成一股几米高的气团，这就是"鲸喷气团"。整个过程虽然只持续数秒钟，但是这常常会给鲸带来厄运。因为，对捕鲸者来说，借助鲸喷气团发现鲸，是再简单不过的事了。

座头鲸属于须鲸，磷虾是须鲸喜欢的美食

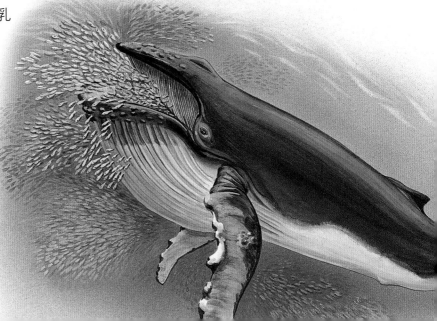

食肉目动物

人们常常通过观察动物是否具有尖锐的犬齿来判断其是否为猛兽，例如狮子就具有犬齿

甚至鲸等也都以吃其他动物的肉为生，但是它们并不属于猛兽。

此外，也并不是所有的食肉目动物都以食肉为生。例如，大家熟悉的大熊猫就是以竹子为主要食物。而熊和獾则是杂食动物，除了吃肉，它们也喜欢吃浆果和蜂蜜。那么究竟怎样判断动物是否为真正的猛兽（食肉目动物）呢？

无论是鼬、熊、鬣狗，还是狗和猫——它们都具有典型的锐利犬齿，即尖锐而有力的裂齿。裂齿长在上颚和下颚上，咬合时像钳子一样。在捕捉猎物时，它们是一种极为有效的武器。海豹同样具有这样一副牙齿，因此也被视为真正的猛兽。

人们把陆生猛兽分为三个主要群体：鼬科、浣熊科、小熊猫科、熊科及其亲属构成了最古老的群体；灵猫科、獴科、鬣狗科构成了第二个群体；犬科动物如狼、狐狸、小型猫科动物和大型猫科动物是进化程度最高的一个群体。

如何认识食肉目动物？

动物学家给猛兽起了一个科学的分类名称——"食肉目"。这个词来源于拉丁语，意思是"食肉动物"。但是哺乳动物中并不是所有的食肉动物都是猛兽，例如肉食性有袋类动物、食虫目动物、蝙蝠，

我们身边有哪些鼬科动物?

欧洲鼬科的代表性动物有獾,以及欧洲水貂、水獭、松貂和石貂等。常见的还有白鼬,夏季它们的毛色呈棕黄色,冬季毛色则呈雪白色。在中世纪时期,欧洲的王公贵族把拥有白鼬皮披肩看成是身份和地位的象征。

獾是夜行动物,白天它们熟睡在宽阔的地洞中,夜晚出来活动。有趣的是,狐狸和它们共同居住在地洞中的现象时有发生。几十年来,石貂也逐渐出没于城市,成为阁楼上的"沙发坐垫杀手"或者车库里汽车"刹车软管破坏者",因而不受人们欢迎。松貂则主要生活在森林里。水貂和水獭生活在水中,因为生活环境遭到破坏,如今已极为罕见。

狼獾是一种可怕的食肉动物,以前它们也在东欧地区出没,如今人们已经将它们驱逐到了泰加林和苔原地区

獾是如何寻找蜂蜜的?

生活在欧洲的獾,主要以青蛙、小鼠、昆虫和蚯蚓等为食,它在非洲有一个很有趣的"堂兄弟"——蜜獾。蜜獾喜爱蜂蜜超过一切,却常常因为找不到蜂巢而发愁,为此它找到了一位"盟友"——一种很小的鸟:蜂蜜鸟。当蜂蜜鸟找到了一个空心树干中的蜂巢后,就会把蜜獾引到那儿去。蜂蜜鸟显然是无法啄开树洞的——这个任务当然只能由强壮的蜜獾来完成。最后,它们一起分享战利品:蜂蜜归蜜獾,蜜蜂则属于蜂蜜鸟。

水獭也有一个居住在其他洲的"亲戚"——海獭。

1900 年前后,海獭几乎已经灭绝了。到 1911 年,许多地区开始禁止猎捕海獭,所以今天人们还能看见它们

和水獭一样，海獭也是一名灵巧的"游泳健将"。这两种鼬科类动物的脚趾间均具有蹼膜。水獭通常在湖泊和河流中觅食，而海獭则潜入北美洲西海岸的海底寻找海胆和海星作为食物。它从海底捡起海星或者海胆，然后浮上水面，四条腿朝上仰躺在海面上，把一个石块放在肚子上，用前肢夹着海胆在石块上撞击，直到把它们敲碎。

　　最大的鼬科动物是狼獾。它看起来很像一只小熊，生活在北极的苔原地区和泰加林中。狼獾是一种极具进攻性的猛兽，甚至能够捕捉到力量较弱的驯鹿。同样属于鼬科的臭鼬只有美洲才有。它们通过喷射出一种恶臭液体来抵御捕食者的进攻。

大熊猫已成为了自然保护的标志性动物，或许更完善的保护才能使它们继续生存下去

臭鼬能喷射出一种恶臭液体，令"敌人"一连几天都无法摆脱这种味道的折磨

蜂蜜鸟和蜜獾互相合作。蜂蜜鸟找到蜂巢之后，蜜獾负责破坏它

蜂蜜鸟

蜜獾

浣熊是从哪里来的？

浣熊科主要分为两种类型：第一类，包括浣熊、长吻浣熊和蜜熊，生活在北美洲；第二类为生活在亚洲的大熊猫和小熊猫。

　　浣熊现在也逐渐出没于欧洲。人们原本是把它们带到动物园中供游人观赏，但它们却从那里逃出来，并且开始在欧洲定居繁衍。在美洲还生活着它的亲属：不同种类的长吻浣熊（因为其长长的鼻子而得名），尾巴能卷住树枝的蜜熊，以及分布极为广泛的蓬尾浣熊。

　　小熊猫生活在喜马拉雅山脉中，它们与鼬科动物有一定的亲缘关系；大熊猫又被称为猫熊，它们生活在中国四川的竹林中。如今，人们已经将小熊猫和大熊猫从浣熊科中分离出来，分属小熊猫科和大熊猫科。

25

一头北极熊母亲带着她的孩子行走在冰面上，她要保护小北极熊不受体型较大的雄性北极熊的攻击

种熊现在只能在阿拉斯加和加拿大才能看到。而与东南亚的黑熊有亲缘关系的美洲黑熊，在美洲的分布却极为广泛，它的体型比棕熊和灰熊要小得多。在国家公园里，它们经常在垃圾箱里翻找食物，或者在休息场所旁接受游客的喂食。最后，为了避免黑熊对游客的喂食产生依赖性，当地政府下令禁止游客喂食，黑熊也因此重新回到了森林深处。在南美洲安第斯山脉的高山地区生活着一种独特的眼镜熊。它是一种善于攀爬的动物。

懒熊

懒熊主要吃水果和昆虫。它们用尖锐的利爪撕开白蚁巢，然后用它们长长的嘴吸食昆虫。

熊一般生活在哪里？

除非洲和大洋洲之外，几乎每个大陆上都分布有一种甚至多种大型熊。它们发源于欧亚大陆，如今这里也是大多数熊分布的地方：欧亚大陆和北美的棕熊、东南亚的黑熊、马来西亚半岛和印度尼西亚一些岛屿上的马来熊以及分布在印度及其邻国的懒熊。

分布最广的是棕熊，曾经遍布整个欧洲和亚洲。很久以前，当白令海峡还是一座连接亚洲和北美洲的陆桥时，部分棕熊就已迁移到了美洲。欧洲人的祖先和印第安人的祖先认为熊是一种强大的动物，他们在许多童话故事中描述了它的力量和野性。如今在欧洲，棕熊只分布于西班牙、意大利、阿尔卑斯山脉、巴尔干山脉以及斯堪的纳维亚半岛上，而且面临着灭绝的威胁。

北美洲棕熊的代表是科迪亚克熊，它是体型最大的一种棕熊，这

眼镜熊

懒熊

分布在南亚的懒熊和东亚的黑熊，以及分布在南美安第斯山脉的眼镜熊远不如棕熊那样闻名

亚洲黑熊

眼镜蛇和獴之间的争斗通常
会以獴咬住蛇的头部获胜而结束

美洲黑熊通常极为温顺。在
国家公园里，它们甚至会靠近汽
车并向游客乞讨

北极熊几乎可以被看作是一种海洋动物，因为它一生中的大部分时间都是在浮冰上度过的，而其他的熊科动物则生活在陆地上。虽然北极熊把家安在北冰洋周围的浮冰或岛屿上，并且在冰洞或者地洞中产崽，但是它的狩猎地区却在北冰洋中。它最喜欢的食物是海豹。通常，北极熊会守在海豹冒出海面进行呼吸的冰孔旁，或者在冰面上捕食海豹。必要时，北极熊甚至会在海水中捕食海豹。有时它也会捕捉其他的动物，例如鱼或者驯鹿等。

猫鼬属于猫科动物吗？

灵猫科动物种类繁多，而且皮毛颜色多种多样。它们与真正的猫科动物没有任何关系。几乎所有的灵猫科动物都有细长的躯干，短小的四肢和长长的尾巴。一张尖尖的长嘴使它们的躯干看上去更加细长。獴科家族的著名成员是生活在非洲的狐獴和居住在印度的獴。人们把它们看作是捕蛇高手。

在非洲和亚洲的草原上，生活着一种声誉不良的动物——鬣狗，因为人们把它们看作是贪吃腐尸的动物。它们是灵猫科的近亲。人们把鬣狗描述成猥琐胆小、贪食尸骨的家伙。实际上，这是对鬣狗的误解。它们实际上是迅猛而狡猾的猎手，其锐利的牙齿可以轻易咬死斑马和羚羊，甚至能赶走狮子，不让它们抢占猎物。

狐獴居住在它们自己挖掘的地道中。有时，它们也和地鼠居住在一起，组成一个复杂的大家庭

哪些动物属于犬科动物?

与灵猫科动物相比较，犬科动物的分布非常广泛，也更容易辨别。大家都知道，狼、狐狸、郊狼、豺和野狗有近亲关系。犬科动物数量巨大，但它们中也有濒临灭绝的品种，例如南美鬃狼和看起来像鼬科动物的南美薮犬。所有的犬科动物都是在地面上追捕或伏击猎物。它们的视觉不是很好，但是听觉和嗅觉特别灵敏。因此在雪崩事故中，人们经常借助狗来寻找失踪者，或者利用它们帮助海关搜查毒品。

犬科动物分布在除了南极洲之外的所有大洲上。澳大利亚野犬是大洋洲唯一的犬科动物。人们猜测，澳大利亚野犬最初是作为家畜被早期移民带到澳大利亚的。它们在那里逐渐野化，在这个过程中，澳大利亚野犬的生活方式逐渐适应了澳大利亚的干旱气候。现在，澳大利亚野犬又有被驯化的趋势，野生的澳大利亚野犬和家养的狗混血的情况非常严重，纯种的澳大利亚野犬只能在几个被保护的国家公园里才能找到。

豺或狼究竟是不是家犬的祖先？关于这个问题，动物学家在很长的时间内都没有统一的结论。因

北美郊狼经常遭到人们的残忍猎杀。如今，人们意识到，郊狼在食物链中扮演着重要角色，它们能有效地抑制小动物数量的膨胀，特别是对啮齿类动物（如老鼠）数量的抑制作用非常明显。所以，郊狼现在被称为"生态卫士"，应该受到人们的保护

狼只有在集体狩猎的时候才能成功地捕捉到猎物，它们往往会寻找驼鹿群中身体瘦弱的某一只，然后把它从兽群中驱赶出来

为豺和狼具有很近的亲缘关系。如今，人们已经通过基因技术确定，狼是所有家犬的祖先。我们总是在故事中把狼描述成凶残的角色。但狼并不是凶暴嗜血的动物，它们过着和谐的群体生活。狼作为生态卫士是自然食物链中一个很重要的环节。

在人口稠密的欧洲地区，狼早已绝迹，辽阔的西伯利亚和北美洲如今成了它们的家园。狼群很少袭击人类——这与家长们用来吓唬孩子们的"狼吃人"的说法恰恰相反。如果一个狼群敢于接近人类，那它们必定是很久都没有东西吃了。

哪些动物是凶猛的猎手？

北美洲的郊狼是狼的"堂兄弟"。虽然它们在夜间的嚎叫令人毛骨悚然，但北美印第安人却认为这是郊狼胆小怯懦的体现。其实郊狼不是懦夫，而是狡猾的猎手，它们喜欢以装死的方式来偷袭它的猎物。豺也会在夜间嚎叫，它广泛分布在非洲和欧亚大陆，共有三种类型。豺不是美食家，它们发现什么就吃什么，不论是果实、小动物，还是动物腐尸，这些都是它们的食物。非洲野狗是一种很危险的猛兽，它与狼和豺的血缘关系最近。非洲野狗通常集体捕猎，喜欢攻击大型动物，如羚羊和斑马。它们甚至能从狮子嘴里夺取食物。

哪里能发现大耳狐？

并不是所有名称中有"狐"字的动物都属于狐属。生活在寒带的北极狐和栖息在热带沙漠地区的大耳狐就很特别，它们被动物学家归类为介于犬属动物和狐属动物之间的品种。在狐亚科动物中，美洲灰狐还会爬到树上捕食，它们也不属于真正的狐属动物。

大耳狐（又名耳廓狐）主要分布在北美洲和非洲。它们的大耳朵如同"天然空调"。无论是北美洲的大尾草原狐，还是非洲耳廓狐都生活在炎热干旱的地区。因为犬科动物无法排汗，所以它们通过喘气的方式从舌头散发多余的热量，而这种方式同时也意味着水分的流失。所以，它们采用一种更合适的办法——通过大大的耳朵来散发体内多余的热量。

南美洲是许多犬科动物的家园，如丛林狼、福克兰狼和鬃狼。福克兰狼已被人类斩尽杀绝了，另一种珍稀的野生犬科动物——鬃狼也正面临着这种威胁。

鬃狼居住在南美洲的灌木林和热带稀树草原上。为了适应在高高草丛中奔跑，它们进化出了修长的腿。它们迈着长腿，踱着步子，在草丛中悠闲"漫步"的样子成了一道迷人的风景。如果不加以保护，也许我们再也看不到这道风景了。

云豹喜欢待在树上，它的四肢短小，所以在地面行走时，动作显得很笨拙

撕咬猎物，前爪的作用不大。因此，人们把剑齿虎列为一个单独的种属。

如何识别猫科动物？

和犬科动物一样，猫科动物彼此之间也极为相似，其中一个主要的共同点是它们脚掌的结构。除了猫豹之外（它们的脚、腿和犬科动物的脚、腿类似），所有猫科动物在奔跑和静止时，都能把它们的利爪缩进一个具有保护作用的皮鞘中。这样，它们的利爪就能保持锋利，在捕捉猎物时成为有效的武器。

猫科动物常在树上磨它们的爪子，这样可以磨掉老化的角质，使爪子更锋利。猫科动物的头部比犬科动物的头部要短很多，因此它们的牙齿也要短一些，四颗长长的犬齿咬合起来形成了两副"夹钳"。

猫科动物用前爪和犬齿捕捉猎物，而犬科动物只会用牙齿撕咬猎物。史前时代的剑齿虎是个例外，它们是猫科动物，但是剑齿虎只会用利剑般的长长的上犬齿

如何区分大型和小型猫科动物？

猫科动物通常又被分为三个亚科：猫亚科，例如豹猫；豹亚科，如狮子、老虎等，以及猎豹亚科。区分小型和大型猫科动物时，仅仅根据动物的体型大小来判断是不正确的。虽然所有体型小的猫科动物都被划归到了小型猫科中，但是美洲狮是个例外，它也属于小型猫科，尽管它的体型和大型猫科中的豹一样大。

那么究竟要如何区分大型和小型猫科呢？最关键的地方，是它们腭舌弓的结构。小型猫科的腭舌弓完全骨质化

就像我们饲养的家猫一样，老虎也会在树上磨它的爪子，让它们保持锋利

了，所以变得很僵硬。因此，小型猫科不能发出吼叫声，它们在吸气和呼气时只能发出呼噜声。而大型猫科可以发出吼叫声，例如老虎和狮子。小型猫科坐着享用它们的食物，并用小爪子抓牢猎物；而大型猫科则躺着撕咬猎物，吃东西时不用爪子。当一只家猫为自己打理卫生时，它会彻底地把自己的全身舔干净，并用湿润的脚掌肉垫把眼睛和耳朵擦干净。所有的小型猫科动物都是这样清洁自己的。相反，大型猫科动物就不像这样爱干净了，它们只会舔干净口鼻附近和脚掌肉垫。最后，小型猫科动物在睡觉时把尾巴围在身体四周，而大型猫科动物则让尾巴伸展开来。

生活在东南亚和印度的云豹介于小型和大型猫科之间。云豹拥有和豹一样的牙齿，也像豹那样不爱清洁，睡觉时会伸直尾巴。但总的来说，它和小型猫科动物更相似，因为它不会吼叫。云豹拥有猫科动物中最长的犬齿，它们用这长长的犬齿捕食鸟类和猴子。

体型最大的小型猫科动物是美洲狮，它们遍布整个美洲。人们也把它称为"山狮"或者"银狮"。以前，从加拿大到火地岛，它们拥有各种不同的栖息地。但现在，人们只能在野生动物保护区内发现它们。尽管美洲狮的体重差不多有150千克，身长可达2米，但它们却很擅长攀爬。美洲狮有偏食的毛病。有的美洲狮只捕捉兔子，有的则专门进攻獾或者郊狼，还有的只会捕捉鹿。美洲狮能跳6米多高，还可以从

家猫

雪豹

在明亮的光线下，小型猫科（如家猫）的瞳孔会收缩成一条缝隙，而大型猫科（如雪豹）的瞳孔则收缩成圆形

美洲狮，又称为"美洲金猫"，是栖息于美洲的小型猫科动物，它们对人类的威胁很小，但人类对它们的威胁却是巨大的

沙漠猞猁   加拿大猞猁

约18米高的地方跳下并扑向猎物。美洲狮用前爪击倒猎物，然后快速咬断猎物的脖子。

猞猁同样属于小型猫科动物。人们从它们耳朵上的那撮显眼的毛发能轻易辨认出它们来。在欧洲，以前人们经常可以看到猞猁。但现在，它们已经被驱赶到西班牙、巴尔干山脉、斯堪的纳维亚半岛和俄罗斯等地的偏远地区。欧亚大陆上生活着南欧猞猁和欧亚猞猁。美洲大陆上则生活着加拿大猞猁和一些猞猁亚种。

世界上有哪些大型猫科动物？

强悍的大型猛兽，如狮子、老虎、美洲豹和豹等都属于大型猫科。生活在中亚山区的雪豹同样也属于大型猫科动物。雪豹是真正的高山动物，在海拔6000米的高山上还能看得到它们的身影。大型猫科中体型最小的是豹，在所有的猫科动物中，豹的分布最为广泛。豹曾经遍布整个非洲和亚洲的大部分地区——

从土耳其一直到西伯利亚。它们的生活环境也各不相同——在雨林、草原、沙漠和山地都能发现豹的身影。通常情况下，豹的身体上覆盖着黄色的皮毛，布满了黑色斑点。但根据栖息地的不同，不同豹的皮毛颜色差别会很大。生活在森林里的豹几乎全身都是黑色，所以又被称为"黑豹"。但它们与黄底黑斑的豹属于同一个物种。豹是非群居动物，也是身手矫健的猎手，它们甚至敢接近体型比它们大的动物。

偷猎者为了获取豹的毛皮而大量猎杀豹，这使豹在许多地区已经绝迹。在德国，政府已经下令禁止进口任何豹皮。另外，人类对豹的栖息地的破坏也对它们的生存造成了巨大的威胁。

比豹更强悍的猫科动物是生活在南美洲和中美洲原始森林中的美

美洲最大的猫科动物是美洲豹。它们从许多地方被驱逐出来，美国亚利桑那州的美洲豹已经濒临灭绝

豹在成功捕获猎物后，为了防止猎物被豺狼和鬣狗发现，把猎物藏在树上

体型最大的老虎是西伯利亚虎。因为人类的大量偷猎和对森林的破坏，它们已经非常罕见

洲豹。它也有一身黄色带斑点的皮毛，只是它身上的斑点呈圆圈状，而不是条纹状。虽然它远不如豹那样擅长攀爬，但它却是一名"游泳健将"。除了捕食鹿、獏以及鸟类以外，美洲豹还捕食鱼类和短吻鳄鱼，甚至还能猎杀河马。

雪豹栖息于中亚山区。它身上厚厚的皮毛既能抵御寒冷，又能阻挡高海拔地区紫外线的辐射

现在哪儿还有老虎？

有时，我们在电视里能看到老虎、黑猩猩和长颈鹿一起出现的镜头，这其实并不符合事实：黑猩猩和长颈鹿只生活在非洲，而老虎却生活在亚洲。老虎喜欢居住在森林地区，如西伯利亚的泰加林里，或印度、苏门答腊岛和爪哇岛的热带丛林中。它们也向热带稀树草原扩散，但绝对不会去植物稀少的地方。老虎皮上的条纹总是呈纵向分布，便于它们在树木和灌木丛中潜伏并偷袭猎物。

老虎对食物并不挑剔，其主要猎物为野猪，但它们也捕食水牛和小象。在食物短缺的时候，它们也能凑合着吃鱼、青蛙和蛇。和美洲

33

老虎和大多数猫科动物一样，属于独居动物

豹一样，老虎也是游泳的好手。

人们常常认为老虎是可怕的食人猛兽。但在通常情况下，它们会避开人类。如今，大量捕猎和环境的恶化使老虎在许多地区已经灭绝。它们的生活空间也在不断缩小，这导致了老虎的数量急剧下降。

狮子如何捕捉猎物？

狮子有"百兽之王"之称，是最著名的猫科动物，也是唯一一种群居猫科动物。通常，一个狮群由具有亲缘关系的成年狮子和幼狮组成。最多时，一个狮群中会有30多只狮子。

成年狮的皮毛为单一的黄色。幼狮身上有斑点，但长大后斑点就消失了。此外，雄狮还长有很长的棕色鬃毛。和老虎一样，狮子对猎物也不挑剔。它们主要捕猎羚羊、小河马、斑马，有时也捕猎幼象。狮子也会攻击蛇和鳄鱼，但这种情况很少见。

狮群中狩猎的任务主要由母狮来完成，而雄狮则负责保卫狮群和领地。偶尔，雄狮也会参与狩猎行动，不过它们只负责把猎物驱赶到母狮周围。狮子通常是从侧面或者背后发起进攻，扑倒猎物，然后咬断它们的咽喉，令它们窒息而死。捕获猎物后，猎物由狮群所有成员分享，最强大的狮子先吃，最后才轮到最弱小的狮子。狮子喜欢栖息于热带稀树草原和半沙漠地区，不

虽然狮群中狩猎的主力是母狮，但捕获猎物后，却要让雄狮先吃饱，然后才轮到母狮和幼狮进食

喜欢植物繁茂的森林。

豹的头部、颈部和背上长有长长的灰色鬣毛，成年后鬣毛会逐渐消失。早在古埃及时，人们就开始驯化猎豹，让它们帮助人们狩猎。

猎豹是世界上奔跑速度最快的陆地动物，可达每小时 100 千米。猎豹之所以具有如此快的速度是由其生存环境决定的。其他的猫科动物可以尽可能地悄悄接近猎物，而草原却无法给猎豹提供任何藏身之地。通常，为了捕捉到猎物，猎豹必须全力奔跑一段距离。猎豹在兽群中寻找比较弱的动物，悄悄靠近它，然后全速奔跑扑向猎物。

猎豹曾经遍布整个非洲、阿拉伯半岛，直到印度地区。但现在，猎豹已经在印度绝迹了。

猎豹到底能跑多快？

猎豹在猫科动物中的地位很特殊，人们把它们称为"长有猫头的犬"。这是因为猎豹的四肢很长，它们的股骨比猫科动物的要长很多；猎豹的爪子不能缩进脚掌的肉垫里，它们的肉垫和其他猫科动物的相比，显得更狭长。

猎豹皮肤上均匀地布满了小斑点，在空旷的地方极具伪装性。幼

尽管猎豹是所有食肉猫科动物中奔跑速度最快的，但是它的耐力并不持久。所以在全速奔跑时，它必须尽快捕获猎物

有蹄类动物

哪些动物是最古老的有蹄类动物?

非洲大陆上有蹄类哺乳动物的种类比世界任何地方都要多。虽然非洲大陆的有蹄类哺乳动物非常多,但最早的有蹄类哺乳动物却起源于美洲的踝节目动物,这种踝节目动物早在5 000万年前就已经灭绝了。踝节目动物是非常独特的动物,因为它们和最早的食虫目动物以及食肉动物都有亲缘关系。今天,世界上还幸存有踝节目动物的后裔——一种古代有蹄类哺乳动物,例如非洲的土豚。它们在非洲的热带稀树草原上挖掘地洞。白天,土豚就躲在洞里,以免被食肉猛兽或人类发现;晚上,土豚就出来觅食,它们用强有力的爪子抓破白蚁巢穴,靠吃蚁类为生。

有蹄类哺乳动物

以前,人们只把长有真正的蹄的哺乳动物,称为有蹄类哺乳动物,并且把它们分为两类:奇趾有蹄类哺乳动物,包括犀牛、貘和马;偶趾有蹄类哺乳动物,包括猪、河马和反刍动物。反刍动物中数量最大的一类是牛科动物。

在奇趾有蹄类哺乳动物中,第三趾是最重要的。马科动物只有第三趾,且有蹄,其余趾已退化。犀科动物前后肢均为3趾。貘科

土豚科是古代有蹄类哺乳动物的唯一幸存者,它们主要用又长又黏的舌头舔食蚁虫

动物前肢有 4 趾，后肢有 3 趾。其中，奇趾有蹄类哺乳动物中现存数量最大的一科——马科动物，主要依靠第三趾奔跑。偶趾有蹄类哺乳动物用两个脚趾，即第三和第四趾来奔跑。

现在，除了古代有蹄类哺乳动物、奇趾和偶趾有蹄类哺乳动物之外，科学家还把另外一个物种——近蹄类哺乳动物划归到有蹄类哺乳动物中。近蹄类哺乳动物也起源于远古时期的有蹄类哺乳动物，曾经数量繁多，如今只幸存下三个外表看起来毫不相似，却具有亲缘关系的物种：长鼻目，如大象；看起来像啮齿目动物的蹄兔目；海牛目。

蹄兔目动物是和旱獭长得很相似的小动物，善于在山崖或者树上攀爬。它们的脚上长有柔软的肉垫，有三个或者四个脚趾，趾甲扁平。蹄兔目动物主要生活在非洲，也有一小部分栖息于中东地区。

岸，南美洲的海牛则生活在亚马孙河流域。

最大的海牛——大海牛曾经生活在白令海中。但是，在 1768 年它们就灭绝了。

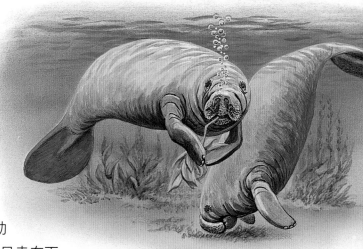

正在进食的海牛

海牛生活在哪里？

经过多次的解剖学研究之后，人们才终于发现，海牛和大象之间存在着亲缘关系。奶牛和海牛只有一个共同点，就是它们都是反刍动物。奶牛的牧场在陆地，但海牛的牧场却在长有水草和海藻的水下。西印度海牛生活在美洲的大西洋沿

现在哪里还有大象？

最著名的近蹄类哺乳动物是长鼻目动物，如今该目中仅存的物种是大象。属于长鼻目的动物还有猛犸象。猛犸象曾广泛分布在冰河世纪的北美洲、北欧和亚洲，它们早在 1 万年前就已经灭绝。

大象如今仍生活在非洲和亚洲的温暖地带。人们把大象分为两个属：亚洲象属和非洲象属。亚洲象如今主要生活在印度、斯里兰卡、苏门答腊岛和马来半岛，由于环境的破坏，亚洲象的数量在不断减少。非洲象曾遍布撒哈拉沙漠以南的整个非洲地区。如今，非洲象的生活范围却被限制在国家公园内。即便如此，非洲象的生存也得不到保障。因为，偷猎者为了获取象牙，会无

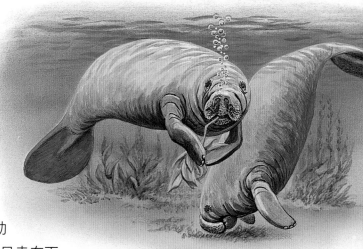

蹄兔目动物目前大量分布于中非和南非的多岩山区

大海牛

1768 年，大海牛被宣告灭绝。大海牛是典型的群居动物，有血缘关系的大海牛会组成一个大家族共同生活。在进食的时候，成年大海牛会围在幼崽四周形成一个保护圈。如果一头大海牛受了伤，其他的大海牛会过来帮助它。如果死去的大海牛被冲到了海滩上，它的同伴还会不停地寻找。因此，人们很容易就能利用受伤的大海牛把某个大海牛家族一网打尽。海员们喜欢把大海牛的肉腌制起来，作为远航时的储备食品。

情猎杀大象。

普尔热瓦尔斯基氏野马，又称为普氏野马   波斯野驴，又称为亚洲野驴

野马从北美洲扩散到亚洲和欧洲，斑马只生活在非洲，野驴则栖息于亚洲和非洲

如何区分两种大象?

非洲象和亚洲象都有长长的鼻子、长长的象牙和强壮有力的腿，脚长有5个蹄状脚趾。不过，非洲象的体型明显要大得多，它的耳朵很大，能覆盖肩部。亚洲象的耳朵要小一些，碰不到肩部。亚洲象有非常明显的特点，它的头骨有两个突起，非洲象则没有。此外，非洲象和亚洲象还有一个很重要的差别，非洲象无论是雌性还是雄性都有象牙，而亚洲象只有雄性拥有象牙。

大象的耳朵不仅是听觉器官，同时还起到调节体温的作用。大象通过耳朵散发体内热量，还可以给自己扇风。象牙是经过变异的门齿，长长地伸出嘴外，尤其是雄象的门齿特别发达。象牙既是武器同时又是工具，大象会用象牙折断树木，从而吃到更高处的鲜嫩树叶。被驯化的亚洲象还会用它的象牙移动重物。珍贵的象牙一直很受人们欢迎。人们利用它来制作雕像、首饰和象棋，或者用它来制作钢琴键。今天，我们可以用其他材料代替象牙，因此就不必为此猎杀大象了。但是，仍有人为了象牙去盗猎，许多大象

母系氏族

一个象群由母象和幼象组成，成员之间都有血缘关系。通常，象群由一位有地位的母象率领。它负责照顾和保护象群。雄象成年后会离开象群独自生活，只有在交配期才会暂时加入一个象群，但很快就会离开。

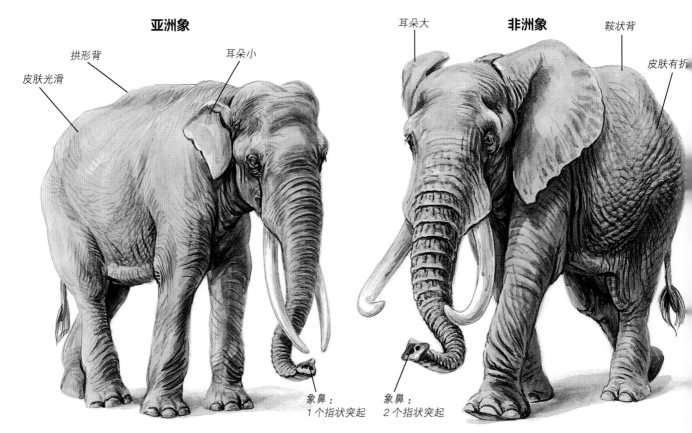

亚洲象

皮肤光滑
拱形背
耳朵小

非洲象

耳朵大
鞍状背
皮肤有折

象鼻：
1个指状突起

象鼻：
2个指状突起

非洲野驴　　　　细纹斑马，也叫格氏斑马　　　　山斑马　　　　平原斑马

被残忍猎杀。这种观念如果无法得到改变，在不久的将来，我们将会永远失去这种有趣的动物。

如何辨别奇蹄目动物？

目前，人类发现的奇蹄目动物的化石非常丰富。由此可见，奇蹄目动物在史前曾是十分繁盛的种群，那时它们分化出形态各异的种类，包括爪兽、巨犀等。现代的奇蹄目动物整体呈衰落状态，因为偶蹄目动物的胃部结构更适合消化植物纤维，所以奇蹄目动物的生态位正在被偶蹄目动物逐渐取代，尽管这个过程十分缓慢。

奇蹄目动物并不都像马那样只有一个脚趾。它们也可能会有三个脚趾。因此，在研究有蹄类哺乳动物时，除了单蹄动物——马之外，还必须把貘和犀牛也划分到奇蹄目动物之中。

马科是如今仅存的一个单蹄动物种属，包括斑马、野驴和野马。斑马只生活在非洲地区。非洲野驴主要分布在北非。亚洲野驴分布在中国、印度、伊朗、蒙古和土库曼斯坦。如今，人们只能在东亚的草原上偶尔发现野马的踪迹，而最初的野马是从北美洲迁移到亚洲的。

人们从在北美洲发现的第三纪各个时期的地层中，发现了许多马的化石。通过研究这些马的化石，证实了马的祖先在第三纪始新世初期（约 6 000 万年前）诞生于北美洲。第四纪初期（约 100 万年前），北美洲的马逐渐迁移到其他大陆，并发展为今天世界各地不同种类的马。但是，如今生活在北美洲的所有"野马"和印第安矮种马都是重新野化的家马。它们都是西班牙人从欧洲带到北美洲的家马的后代。最初的野马在那里早已灭绝。

奇趾有蹄类哺乳动物的脚趾

所有奇趾有蹄类哺乳动物均由中趾承载体重

斑马脚趾　　　　犀牛脚趾　　　　貘的脚趾

貘科动物为何相隔那么遥远?

地球上现存四种类型的貘科动物,三种分布在南美洲,一种分布在东南亚。它们都生活在热带雨林中。

亚洲貘又叫"马来貘",全身毛色黑白相间。美洲貘身体颜色单一,只有灰色。

为什么貘会出现在相隔那么遥

南美貘栖息于森林中,偶尔会"光顾"种植园,大多被当地居民猎杀

远的两个地方呢?对这个问题的答案,人们猜测了很久。后来,人们从远古遗留下来的化石中找到了答案:化石证明,在第三纪,北方还存在有热带原始森林的时候,貘也广泛分布于北美洲和欧洲,气候的变化令它们的生存空间不断缩小,随着大片雨林的消失,貘的生存空间也不断被压缩。

犀牛为什么会被猎杀?

犀牛的遭遇比大象更悲惨。人们认为,犀牛的角是具有神奇力量的物质,所以犀牛被人类无情地捕杀。此外,犀牛角制作的刀柄在阿拉伯国家很受欢迎。人类的迷信和爱慕虚荣成了犀牛消失的主要原因。

对犀牛生存空间的破坏也对它们造成了致命的威胁。如今,犀牛的生存空间也仅剩下少数几个保护区。黑犀和白犀分布在非洲,印度犀牛分布在亚洲的印度半岛,苏门答腊犀牛零星分布在马来半岛、苏门答腊岛,还有数量稀少的爪哇犀牛分布在西爪哇岛。尽管人们为保护犀牛进行了大量的迁移和培育实验,但是人们仍然无法阻止犀牛数量的衰减。

黑犀

白犀

印度犀牛

白犀及它的幼崽生活在非洲的国家公园里

"反刍动物"是什么意思?

偶趾有蹄类哺乳动物的物种数量,比奇趾有蹄类哺乳动物的数量多得多,偶趾有蹄类哺乳动物差不多有 250 个物种,遍布除了大洋洲和南极洲外的所有大洲上。大部分偶趾有蹄类哺乳动物为食草性动物,生活在空旷的草原上。也有一些生活在森林里,例如野猪;或者是生活在水中,例如河马,它只有在进食的时候才会到岸上来。人们把偶趾有蹄类哺乳动物分为三类:非反刍动物(即猪形亚目)、胼足亚目(如骆驼)和反刍亚目。

仔细观察反刍动物,比如一头牛一天的活动,那么你会发现,它会花很长时间吃草,但也有很长时间是在休息。当它看似懒散地躺在草地上的时候,嘴巴却在不停地动着。这时,它是在把吞下去的草反刍到嘴里,再咀嚼一次。与反刍动物相反,非反刍动物只有一个功能简单的胃,例如野猪和河马。

野猪通常吃什么?

野猪没有什么固定的食物品种,只要它发现了可以吃的东西,它都会吃下去。在秋冬季节,野猪是素食者,以草、树叶、根茎、水果和蘑菇为食;在春夏时节,它的食物就丰富多了,如昆虫、蠕虫、小鸟和啮齿类动物,野猪甚至还能捕食蝎子和蛇。

野猪栖息在森林中,广泛分布于欧洲、亚洲和非洲。其中最有名的是欧洲野猪。它已经适应了现在的生存环境,因此它的数量在不断地增长,这与数量逐渐减少的其他野生动物完全相反。雄野猪有一种危险的武器——锋利的上犬齿。小野猪身上长有纵向的条状花纹,由毛色单一、四肢短小的雌野猪抚养长大。

野猪不挑食,所以繁殖得很快。在欧洲许多地方,它们已经成了威胁农作物的祸害

雌性疣猪眼睛下的疣不是特别明显

环颈西貒往往是生活在一起的一个庞大家族。当它们在原始森林中穿行时，人们很远就能闻到从它们的臭腺中散发出的臭气

人们不去惊吓它，那么它们对人类来说是非常安全的一种动物。

西貒有哪些种类？

美洲西貒背部皮下有一个脐状臭腺，能散发出一种强烈的气味。美洲西貒共有三个种类：分布最为广泛的是环颈西貒，生活在从美国南部一直到阿根廷的荒漠和树林区域；白唇西貒生活在拉丁美洲潮湿的热带树林中；厦谷西貒（即瓦格纳氏西貒），栖息于南美洲大厦谷（大查科平原）地区。美洲西貒通常成群结队地生活，在矮小的树丛中四处奔跑，寻找食物，它们的牙齿时不时发出响亮的嘎嘎声。只要

河马出汗还是出血？

河马一天中的大部分时间是在水中度过的。它们已经适应了水中的生活。和青蛙类似，河马的眼睛长在头顶的凸起部分，所以河马可以只将眼睛、鼻孔和耳朵露出水面。它们的皮肤毛孔能分泌出一种保护性黏液，保护皮肤在水中不会被炎热的阳光晒伤。此时，河马皮肤会变成红色。因此，以前人们总认为河马"出血汗"。傍晚，当太阳已经伤害不了河马的皮肤时，它们就会上岸来到草地上。河马只有两种：仅生活在西非原始森林中的小河马、生活在非洲许多河流中的大河马。

河马喜欢浅水区，因为它们体态臃肿，不善于游泳。到了晚上，它们会回到岸上休息

尽管骆驼也属于偶趾有蹄类哺乳动物，同时也是反刍动物，但是它们却很特别。因为其他的偶趾有蹄类哺乳动物仅蹄尖和趾尖着地，而骆驼用最后两个趾节的整个脚掌接触地面。骆驼的趾部长有厚厚的且富有弹性的肉垫和胼胝，趾部前面小小的像指甲的是蹄趾。

骆驼总是让我们联想起穿越沙漠的商队。但是，野生骆驼究竟生活在哪里呢？自然界中已经没有野生的单峰驼了，非洲和亚洲的单峰驼都被驯养成了家畜。野生双峰驼在自然界中几乎绝迹了，只有极少数的野生双峰驼还生活在亚洲中部的戈壁和沙漠中。

骆驼非常适应沙漠中的生活：浓密的睫毛可以防止沙尘吹到眼睛中；鼻翼能盖住鼻孔，防止沙尘进入鼻中；脚掌非常大，可以防止脚陷入沙中；驼峰可以储藏脂肪。许多故事里讲的驼峰可以储藏水的说法是错误的，骆驼喝下去的水大部分都储藏在细胞和血液中，驼峰里并没有所谓的"装水的袋子"。

很少有人知道，南美洲也生活着骆驼科的动物，而且数量不少。它们是被印第安人驯化成为家畜的大羊驼和阿尔帕卡羊驼。阿尔帕卡羊驼身上有受人欢迎的阿尔帕卡羊驼毛，大羊驼则被用来驮运货物。它们拥有一个共同的祖先——原驼。原驼曾经广泛分布在南美洲的干旱地区。因为它们的主食是草，所以牧场主就大肆猎杀原驼，并且把它们驱赶到了南美大陆南部的巴塔哥尼亚地区。

还有一种野生小羊驼，是分布在南美洲安第斯山脉高原地带的小羊驼。因为它的皮毛很珍贵，所以长期遭到捕杀，不过人们现在专门为小羊驼建立了野生动物保护区来保护它们。

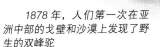

1878 年，人们第一次在亚洲中部的戈壁和沙漠上发现了野生的双峰驼

原驼如今生活在南美洲的国家公园中

冬天长的鹿角

夏天的鹿角

秋天脱落的鹿角

鹿角完全成型后在秋季脱落

反刍哺乳动物有哪些？

反刍动物的第一组成员，是生活在非洲和东南亚热带雨林中的鼷鹿科动物。不过人们很少能看到这些藏身隐蔽的动物。较常见的反刍哺乳动物是第二组成员——有角下目。它们的名字来源于头上的角。它们不仅是反刍哺乳动物，更是有蹄类哺乳动物中最大的一个群体。鹿科、长颈鹿科、叉角羚科和牛科动物（包括牛和羚羊）都属于这一类。

鹿角究竟是什么东西？

鹿科动物包括了许多不同的种类，如亚洲的麝和麂，河麂，北极冻原驯鹿，以及我们非常熟悉的马鹿、狍和驼鹿等。它们都有一个共同的特点：头上长有鹿角（只有最古老的麝和河麂没有角）。通常情况下，只有雄鹿才有角。不过也有特殊情况，例如驯鹿，雌性和雄性都长有鹿角。

牛羊的角和鹿角有很大差别，科学家把它们分为洞角（牛羊角）和实角（鹿角）。羊角或者牛角都是由与头骨长在一起的骨心组成，外边包着一层坚硬的角质套或者角鞘。角质外层只在成年之前更换一次，之后随着动物年龄的增长不断生长。

而鹿角则不同。尽管鹿角往往都特别大，但每年都要长出新的角来。鹿角的形状与繁殖时间有关。在繁殖期鹿角必须发育完善，因为，它往往是雄鹿在争夺雌鹿的战斗中使用的武器。繁殖期结束之后，鹿角会脱落。

鹿史换角的过程时间很短。鹿角脱落之后不久，在布满丰富血管的表皮（鹿茸）下会重新长出一个新的小角。当角发育成型之后，鹿茸就会坏死，之后鹿会在树上蹭掉这层韧皮。一头年轻力壮的鹿，它的角会一年比一年大，"枝丫"的数量也会一年比一年多。在它老了之后，鹿角才会越长越小。在欧洲，老猎人们经常说鹿的角"比往年的小"，意思就是，这头鹿已经老了。

欧洲生活着马鹿、黇鹿、狍、驯鹿和驼鹿。驯鹿不仅生活在欧洲，在整个北极圈附近都能发现它们的踪影。马鹿、黇鹿和驼鹿在北美洲也有分布，但是那里的马鹿个子要大一些，被称为美洲赤鹿。最强悍的驼鹿生活在北美的阿拉斯加。狍仅分布在旧大陆上。驯鹿对于萨米人和因纽特人来说仍然非常重要。因为他们是游

北美驯鹿因其大规模的迁徙而闻名。它们在北冰洋附近的冰原地带度过夏天，并在那里繁殖后代。秋天它们迁徙到南方，在那里过冬

牧民族，跟随动物迁徙，喝驯鹿的奶，吃鹿肉，还利用它们的骨头和皮毛制作工具和衣服。

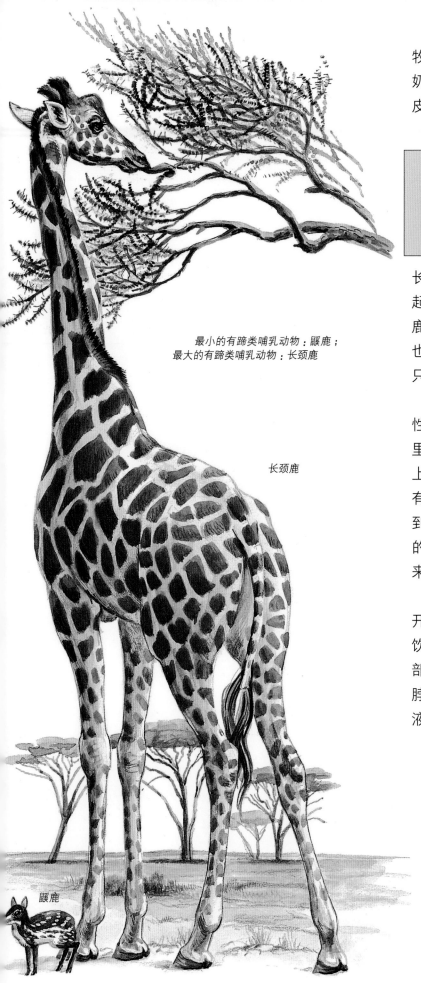

最小的有蹄类哺乳动物：鼷鹿；
最大的有蹄类哺乳动物：长颈鹿

长颈鹿

鼷鹿

长颈鹿到底有多高？

长颈鹿头上长有两只被皮毛覆盖的短角。生活在稀树草原地带的长颈鹿，雌性和雄性都长有角。看起来像马的霍加狓（又称作欧卡皮鹿）生活在刚果原始森林里，它们也是属于长颈鹿科的动物。不过，只有雄性霍加狓才长有角。

长颈鹿的祖先是短脖子的食叶性动物，生活在有足够树叶的森林里。但是，当稀树草原在非洲大陆上不断扩张，逐渐取代森林后，只有那些个子较高的动物，才能吃得到树叶。这样，生存在稀树草原上的长颈鹿的脖子在进化过程中就越来越长。

长颈鹿在饮水的时候必须岔开前腿，才能喝得着水。为了避免饮水时血液因重力作用全部涌入头部而发生血管堵塞现象，长颈鹿脖子的血管中长有阀瓣，可减缓血液流速。

人们把所有长有洞角的动物称为牛科动物，它们是偶趾有蹄类哺乳动物中最大的一个群体。属于牛科动物的有，主要分布在非洲的沙漠、稀树草原上和森林中的麂羚、小羚羊、林羚、狷羚、马羚、小苇羚和瞪羚；生活在亚洲草原上的牛、高鼻羚羊；羊属动物，包括岩羚、山羊和绵羊；分布在北极冰原地带的麝牛。

大多数牛科动物都是植食性动物，它们成群结队地生活在一起。人们把许多牛科动物都驯化成了家畜。我们最熟悉的就是牛，包括黄牛、水牛和奶牛。它们的祖先是已经灭绝的原牛。

美洲野牛群如今仅存于美国国家公园中。北美洲草原上曾经庞大的野牛群已经消失。对于印第安人来说，这些野牛极为重要。野牛肉是他们重要的食物来源，牛皮可以用来制作帐篷、衣服和马鞍。

与美洲野牛血缘关系最近的是欧洲野牛。如今只有少数的野生欧洲野牛还生活在波兰的比亚沃维耶森林中。

栖息于山区地带的牛科动物是山羊属及其亲属。它们喜欢在岩壁上四处攀缘，或者是在高山草地上吃草。斑羚、岩羚羊、雪羊、羱羊、蛮羊、岩羊、东方盘羊和大角羊生活在欧亚大陆、北非和南美洲的山区。它们都擅长攀缘和跳跃。山羊属中有两种纯白色皮毛的动物：白大角羊（达尔大角羊）和雪羊，它们都生活在北美洲。

非洲水牛

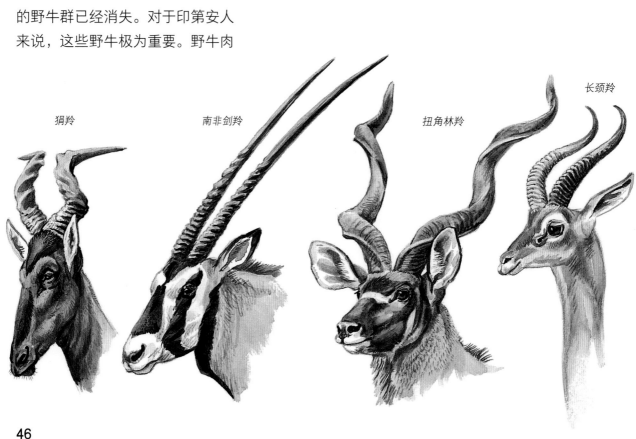

狷羚　　　　　　南非剑羚　　　　　　扭角林羚　　　　长颈羚

生活在北美洲的
美洲野牛

生活在亚洲的水牛

麝牛生活在哪里?

麝牛的性情并不总是那么温和，它们可能会突然从牛群中冲出来发起袭击，公牛之间时常进行激烈的决斗

冰河世纪时期，麝牛曾经广泛分布在美洲和欧亚大陆。它们是牛科动物中最耐寒的动物。它们的皮毛又厚又长，躯干矮壮肥胖，头上长着巨大的角。如今它们仅分布于北极冰原地区。可能是由于气候变暖的原因，麝牛在冰河纪之后就从欧洲大陆上绝迹了。如今，人们把它们从北极冰原地区重新带到欧洲北部。即使在冬天，麝牛也不会往南迁徙，因为它们已经适应了北极地区冬季的严寒和黑暗。

遇到危险时，麝牛群会围成一个圆圈，头部一致朝外，把小麝牛保护在这个防御圈内。

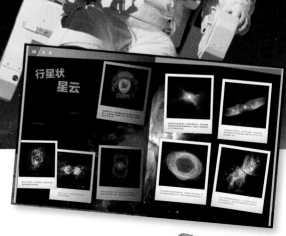